공부가 되는
과학 백과 인체

공부가 되는
과학 백과 인체

초판 1쇄 발행 2011년 12월 30일
초판 2쇄 발행 2017년 5월 17일

지은이 글공작소

책임편집 주리아, 안지선
책임디자인 김수원

펴낸이 이상순
주　간 서인찬
편집장 박윤주
기획편집 윤소라
디자인 오세라, 노민지
마케팅 홍보 김미숙, 이상광, 공경태, 박순주

펴낸곳 (주)도서출판 아름다운사람들
주소 (413-756) 경기도 파주시 교하읍 문발리 파주출판문화정보단지 534-2
대표전화 (031)955-1001 **팩스** (031)955-1083
이메일 books777@naver.com
홈페이지 www.books114.net

ⓒ2011, 글공작소
ISBN 978-89-6513-138-0 63400
ISBN 978-89-6513-376-6 (세트)

공부가 되는
과학 백과 인체

지음 글공작소 | **추천** 오양환 (前 하버드대 교수)

아름다운사람들

공부가 되는
과학 백과 인체

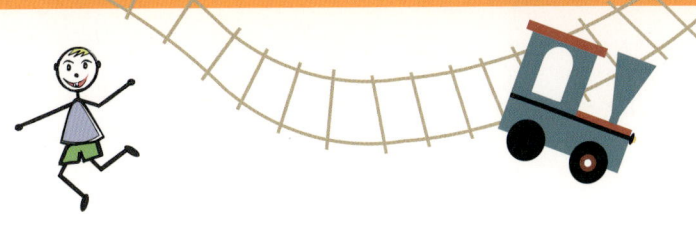

아이들이
『공부가 되는 과학 백과』를
읽으면 좋은 이유

1 과학은 호기심으로부터 출발합니다

모든 과학은 호기심으로부터 출발합니다. 아이들은 자연 속에서 만나는 궁금하고 호기심 가는 것들에 대해 쉴 새 없이 질문을 던집니다. 이렇게 과학은 일상의 궁금증과 호기심에서 출발하기에 가장 재미있는 분야입니다. 별은 왜 반짝이는지, 어떻게 지구가 도는지 등 아이들은 온갖 궁금증을 쏟아냅니다. 이때가 가장 중요합니다. 이때 일상의 궁금증에 대해 쉽고 재미있게 그 원리와 이치를 알게 되면 아이들은 지속적으로 과학에 대한 흥미를 잃지 않고 관심을 가질 것입니다. 『공부가 되는 과학 백과』는 바로 아이들의 일상적 호기심을 과학으로 연결시킨 책입니다.

2 과학은 세계를 이해하는 하나의 방법입니다

과학과 친해지면 우리는 자연과 우주가 제멋대로 움직이지 않는다는 것을 알게 됩니다. 그리고 우주와 자연의 질서는 어떤 규칙을 가지고 우리가 예측할 수 있는 방식으로 움직인다는 것을 깨닫게 됩니다. 이런 규칙과 움직임을 인간의 사고력으로 탐구하고 밝혀낸 것이 과학입니다. 그래서 우리 아이들이 과학과 친해진다는 것은 세상을 흥미진진하게 바라보는 통찰력과 논리적 사고력을 함께 갖게 되는 것을 의미합니다. 이 책은 과학이 책 속의 이론과 원리로만 존재하는 지루한 것이 아니라 일상의 호기심에서 출발한 과학적 원리들이 우리 자신과 자연 그리고 우주를 하나로 연결해 주는 살아 있는 삶의 규칙이자 법칙이라는 것을 깨닫게 합니다.

3 생활 속에서 깨치는 과학의 비밀

『공부가 되는 과학 백과』는 우리 아이들이 생활 속에서 가장 많이 질문하고 궁금해하는 것에 대해 요모조모 아주 재미있게 설명하고 있습니다. 그리고 그 설명이 과학의 원리와 이론으로 자연스럽게 이어져 어렵지 않게 과학의 원리를 이해할 수 있도록 만들었습니다. 그래서 아이들이 과학을 공부한다고 느끼는 것이 아니라 자신의 호기심과 궁금증을 해결하고 싶어서 책을 들추어 보다가 과학의 비밀을 깨치도록 하고 있습니다. 이 책은 쉽고 재미있게 아이들의 호기심을 해결해 주는 생활 속의 해결사 노릇을 하면서 우리 아이들을 과학에 빠져들게 합니다.

4 공부의 즐거움을 깨치는 〈공부가 되는〉 시리즈

〈공부가 되는〉 시리즈는 공부라면 지겹게만 여기는 우리 아이들에게 "아, 공부가 이렇게 즐거운 것이구나!" 하는 것을 깨쳐 주면서 아울러 궁금한 것이 많은 우리 아이들의 지적 호기심도 동시에 해결해 주는 시리즈입니다. 공부의 맛과 재미는 탄탄한 기초 교양의 주춧돌 위에 세워질 때 그 효과가 배가됩니다. 그리고 그 기초 교양은 우리 아이들이 학습에서 자기 주도적 능력을 내는 데 큰 밑거름이 됩니다. 『공부가 되는 과학 백과』는 우리 아이들에게 생활과 자연 속에서 만나게 되는 과학에 대한 궁금증을 속 시원히 해결해 줄 것입니다. 부디 우리 아이들이 『공부가 되는 과학 백과』를 과학에 대한 흥미뿐만 아니라 궁금증과 탐구 정신을 한껏 높여 가는 징검다리로 삼길 바랍니다.

사람 몸의 온도는 36.5도예요

사람 몸에서 땀이 나는 이유는 몸의 온도인 체온을 36.5도로 유지하기 위해서예요. 사람은 체온이 36.5도가 되도록 태어난 '항온 동물'이에요. 그래서 체온이 36.5도보다 더 올라가게 되면 몸에서 땀을 내보내 몸의 온도를 내려가게 해요. 항온 동물이란 조류나 포유류처럼 바깥 온도와 상관없이 체온을 항상 일정하게 유지하는 동물을 말해요.

예를 들어 사람이 운동을 하면 몸에 열이 나서 체온이 올라가요. 이렇게 체온이 올라가면 이를 재빨리 알아챈 우리 몸은 체온을 내리기 위해 땀을 내보내요. 몸 밖으로

나온 땀은 공기 중으로 증발하면서 몸에 있는 열도 같이 가져가요. 이처럼 땀의 증발을 통해서 열을 내려 체온을 다시 36.5도로 유지할 수 있게 해요.

땀샘이 체온 조절 기능을 해요

사람 몸에는 약 200~300만 개 정도의 땀샘이 있어요. 땀샘이란 사람과 같은 포유류 동물에 있는 것으로 땀을 만들어 밖으로 내보내는 기능을 하는 곳이에요. 하지만 같은 포유류 동물 중에서도 사람이나 말은 땀샘이 발달해 있지만 개나 고양이 등은 땀샘이 발달되지 않았어요. 이처럼 포

여자들은 왜 추위를 덜 탈까?

생물학적으로 보면 남자보다 여자가 더 추위에 강해요. 왜냐하면 여자가 남자보다 피하 지방이 많기 때문이에요. 피부 밑의 지방을 피하 지방이라고 하는데 피부 밑에 지방이 많은 사람이 추위를 덜 탄다고 해요. 남자들의 피하 지방이 약 6밀리미터라고 하면 여자들은 그 두 배가 넘는 약 14밀리미터가 된다고 해요. 그러니 여자들이 추위를 덜 탄다는 것은 과학적으로는 맞는 말이에요.

유류인 사람은 체온이 조금이라도 올라갔다고 생각되면, 땀샘을 통해 땀을 밖으로 내보내요.

자율 신경이 땀샘에 명령을 내려요

땀은 어떻게 스스로 알아서 밖으로 배출되는 걸까요?

바로 자율 신경 때문이에요. 사람 몸에는 자율 신경이라는 것이 있는데 이 자율 신경은 사람 몸에서 온도가 올라가면 땀샘에 명령을 내려 체온을 낮추라고 해요. 그러면 땀샘은 땀을 만들어 밖으로 내보내는 거예요. 사람의 몸에서 땀샘이 많은 곳은 손바닥, 발바닥, 겨드랑이, 코, 이마 등이에요. 그리고 땀샘이 적은 곳은 등 부위로, 손바닥에 비해 땀샘이 6분의 1정도밖에 되지 않아요. 그래서 사람은 이마나 겨드랑이 같은 곳에서 땀이 제일 많이 나는 거예요.

땀은 살균 작용도 해요

  땀은 몸 밖으로 나올 때 사람 몸 안에 필요 없는 노폐물과 같이 나와요. 뿐만 아니라 몸 밖으로 나오면서 몸에 있는 나쁜 균을 없애는 살균 작용도 도와주어요. 그리고 몸에서 나온 땀은 짠맛이 나는데 그것은 99퍼센트의 수분과 1퍼센트의 소금으로 이루어져 있기 때문이에요.

▲ 운동을 하면 체온이 올라가서 체온을 내리기 위해 땀을 내보낸다.

각질이 부풀어 올라서 그래요

물속에 오래 있으면 손발이 쭈글쭈글해지는 것은 우리 몸에 있는 각질 때문에 그래요. 물속에 오래 있으면 각질 속으로 물이 스며들고, 이때 각질이 물에 불게 되면서 손과 발이 쭈글쭈글해지는 거예요.

2주마다 새로운 세포를 만들어요

사람의 몸은 2주마다 새로운 세포를 만들어요. 이때 자연스레 죽은 세포는 살아 있는 새 세포에 밀려나면서 피부의 바깥쪽으로 이동하여 각질이 되어요. 그리고 이 각질이 땀과 먼지, 피지 등과 섞이면서 때로 변하는 거예요. 때는 평소에 딱딱한 상태로 피부에 붙어 있지만 목욕을 할 때에는 물에 불어나 물렁해지기 때문에 밀어서 벗겨 낼 수 있어요.

각질은 피부 보호 역할을 해요

목욕을 하면 죽은 세포가 물에 벗겨지고 부드러운 새 세포가 드러나기 때문에 피부가 매끈해진 것을 느낄 수 있어요. 또한 각질은 피부를 보호해 주는 역할도 하고 있어요. 그래서 사람에게 어느 정도의 각질은 꼭 필요해요. 그러니 너무 자주 때를 벗겨서는 안 되겠지요.

맛있는 것을 보면 왜 침이 나올까?

식사 준비를 하는 거예요

맛있는 것을 보면 침이 나오는 이유는 음식을 먹기 위해 준비하기 때문이에요. 맛있는 음식이 눈에 보이면 그 정보는 대뇌로 가요. 정보를 받은 대뇌는 몸의 각 부분에 식사 준비를 하라고 신호를 보내요. 이때 침도 이 신호를 받아요. 소화가 잘 되려면 침이 꼭 필요하기 때문에 음식을 먹기 위해 침샘은 미리 침을 만들어요.

조건 반사 때문에 침이 나와요

침이 나오는 다른 이유로는 '조건 반사'가 있어요. 사람

은 맛있는 음식을 먹으면 그 기억을 머리에 저장해 두어요. 그리고 나중에 그 음식을 다시 봤을 때 과거의 기억을 떠올리게 돼요. 이때 그 기억이 대뇌로 전달이 되면 대뇌는 침을 만들라는 명령을 내려요. 그래서 사람은 조건 반사적으로 침을 흘리는 거예요.

침을 하루에 1리터나 만들어요

침은 입속에서 음식의 맛을 잘 느끼고 잘 삼킬 수 있게 도와주어요. 뿐만 아니라 침은 외부에서 들어오는 세균의 침입을 막는 역할도 해요. 이렇게 중요한 역할을 하는 침은 사람의 입속에서 하루에 1리터 정도씩 만들어져요. 사람은 매일 침을 만들고 삼키고 다시 만들고 삼키는 과정을 반복해요. 특히 침은 무언가를 먹을 때 소화를 돕기 위해 제일 많이 생겨요.

조건 반사란 학습으로 익힌 반응을 말해요

조건 반사란 경험이나 훈련을 통해서 알게 된 후천적 반응을 말해요. 그에 비해 무조건 반사는 배우거나 경험하지 않아도 사람이 태어나면서부터 본능적으로 가지고 있는 반응을 말해요. 조건 반사의 실험으로 아주 유명한 것이 바로 '파블로프의 개' 실험이에요.

'파블로프의 개'란 뭘까?

러시아의 과학자 파블로프는 개에게 먼저 종소리를 들려준 뒤 먹이를 주었어요. 여러 번 이런 실험이 반복되자 어느 순간부터 개는 종소리만 들어도 침을 흘리게 되었어요. 종소리가 울리면 곧 맛있는 먹이를 먹게 된다는 것을 알았기 때문이에요.
바로 이 실험이 조건 반사의 대표적인 실험이에요. 이 결과에 따라 실험에 사용되었던 개는 '파블로프의 개'로 불리며 유명해졌어요.

▲ 맛있는 음식을 보면 침이 나오는데 침에는 소화를 돕는 아밀라아제가 들어 있다.

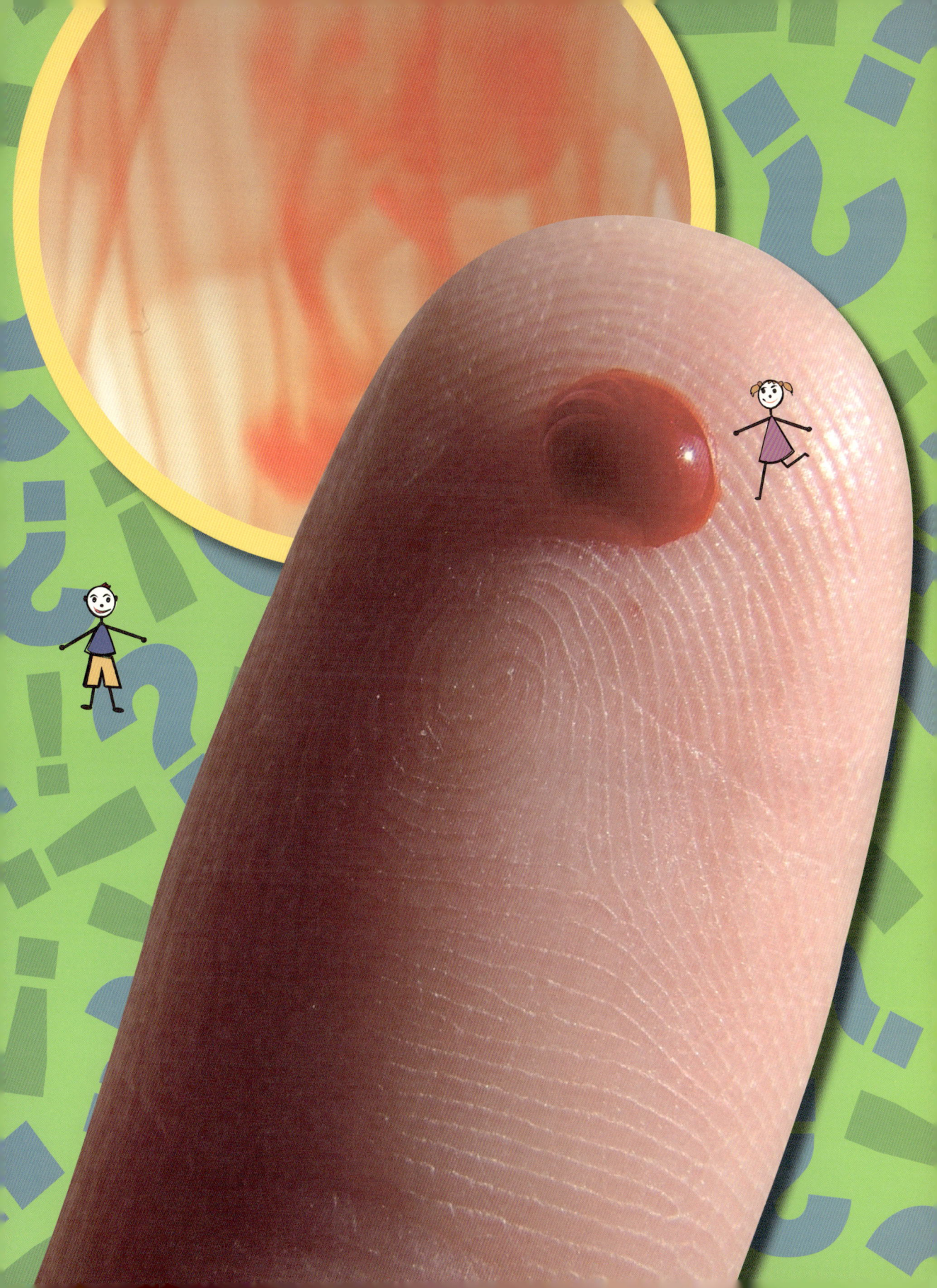

적혈구 때문에 빨갛게 보여요

실제로 사람의 피 전체가 빨간색인 것은 아니에요. 피를 구성하고 있는 성분 중 하나인 적혈구가 빨갛기 때문에 그렇게 보이는 거예요. 피는 적혈구와 백혈구 그리고 혈소판으로 이루어져 있어요. 이 중 가장 수가 많은 것이 적혈구예요. 사람 몸에 있는 약 25조 개의 적혈구는 몸속에 있는 산소를 몸속의 다른 곳으로 운반하는 역할을 해요.

문어는 피가 푸른색이에요

적혈구가 빨갛게 보이는 이유는 적혈구 안에 있는 헤모

글로빈에 철 성분이 들어 있기 때문이에요. 철 성분은 산소와 만나면 빨간색을 띠게 되어요. 즉, 철이 녹슬면서 붉게 보이는 것과 같은 이치예요. 그래서 사람과 같은 척추동물의 피는 빨간색이에요. 반면, 문어나 새우와 같은 연체동물은 피 속에 헤모글로빈이 없기 때문에 피가 푸른색으로 보여요.

산소가 부족하면 피는 검붉게 보여요

체했을 때 손가락을 바늘로 찌르면 검붉은 피가 나오는 것을 본 적이 있을 거예요. 하지만 이것은 사람의 몸속에 검붉은 색의 피가 있어서 나오는 것이 아니에요. 체해서 손가락을 바늘로 찌를 때 실로 묶거나 피가 안 통하게 꽉 누르는데 이때 산소가 부족해지면서 피가 검붉은 색으로 변하는 거예요.

풍선을 불면 공기가 부족해 어지러워요

공기는 질소가 78퍼센트, 산소가 21퍼센트이고 나머지는 이산화탄소 등으로 이루어져 있어요. 그중 산소는 사람의 몸으로 들어와 숨을 쉴 수 있게 도와줘요. 사람은 단 몇 분이라도 공기를 공급받지 못하면 죽을 수 있어요.

풍선을 많이 불면 어지러움을 느끼는 것도 몸에 공기가 부족해서 나타나는 증상이에요. 풍선을 불게 되면 마시는 공기보다 내보내는 공기가 많기 때문에 뇌 속에 산소가 줄어들어요. 이때 뇌는 산소가 부족한 것을 단번에 알아차

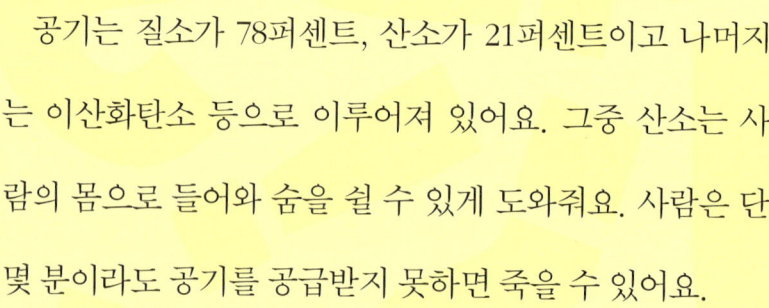

리고 어지러움을 느끼거나 구토 증세를 보이는 거예요.

산소는 사람의 생명을 유지시켜 줘요

산소가 사람 몸속에서 하는 일은 이뿐만이 아니에요. 피를 따라 세포 속으로 들어가서 음식의 영양분을 분해시켜 에너지를 만들기도 해요. 이처럼 공기가 없어지면 산소도 없어지기 때문에 사람은 살 수가 없어요.

하트 모양은 무엇을 본뜬 걸까?

우리가 사랑한다는 표시로 만드는 하트 모양은 바로 심장 모양을 본뜬 거예요. 심장은 우리 몸에서 피를 온몸으로 보내는 역할을 담당하고 있기 때문에 계속 펌프질을 해요. 심장이 뛰는 것을 맥박이라고 하는데 어른의 맥박은 1분에 평균 60~80번 정도 뛰어야 정상이라고 해요.

공기는 지구의 생명체도 지켜요

공기가 없다면 사람뿐만 아니라 지구에 있는 모든 생명체의 건강도 위험해져요. 공기는 지구 주위를 둘러싸고

있으면서 태양으로부터 오는 태양빛, 태양열, 우주 먼지 등을 막아 주어요. 만약 공기가 없으면 이러한 것들이 고스란히 지구로 들어와 모든 생명체에 커다란 피해를 주게 될 거예요.

공기가 없으면 모든 자연 현상이 사라져요

만약 지구에 공기가 없는 상태에서 사람이 우연히 태양을 보게 되었다면, 강렬한 태양빛 때문에 사람은 그 순간 장님이 되고 말아요. 이뿐만이 아니에요. 식물과 미생물은 유기물을 합성할 수 없으며, 소리도 전달할 수 없게 되고 불도 피울 수 없어요. 비, 구름, 눈, 바람도 모두 사라지고 말아요. 한마디로 지구는 멸망하게 되는 거예요.

▲ 아픈 사람에게 산소를 공급하고 있는 모습

웃음은 자신을 방어하는 거예요

피부 표면 아래에는 예민한 말초 신경이라는 것이 몰려 있어요. 이 말초 신경은 특히 손바닥과 발바닥 살갗 아래에 많아요. 그래서 이곳을 조금만 건드려도 사람들이 간지럼을 타는 거예요.

예를 들어, 친구가 간지럼을 태우기 시작하면 이때 자극을 받은 신경들은 이것을 다른 외부의 공격이라고 생각해요. 공격을 받은 신경들은 반응을 보이기 시작해요. 바로 웃음이란 반응을 보이지요. 사람이 간지럼을 탈 때 웃는 것은 그만두라는 표시예요. 민감한 신경들은 간지럼을 공격이라고 생각하기 때문에 간지럼을 탈 때, 심장과 맥박이 빨리 뛰고 혈압이 올라가면서 온몸이 긴장 상태가 되는 거예요.

웃음은 공격자의 마음을 풀어 주는 거예요

왜 하필 웃음으로 방어를 하는 걸까요? 사람들은 아무리 화가 나도 상대방이 웃으면 자신도 모르게 따라 웃어요. 그러면 마음이 풀려 상대방을 용서하게 되어요. 간지럼을 탈 때 웃는 것도 이와 같은 이치예요. 공격을 당한 몸은 웃음을 보여서 상대방의 화를 풀어 주려고 해요. 상대방에게 웃음을 보여 공격을 멈추게 하려는 거예요. 그런데 스스로를 간지럼 태울 때는 웃음이 잘 나오지 않아요. 왜냐하면 스스로 간지럼을 태울 때는 언제 그만둘지 다 알고 있기 때문이에요.

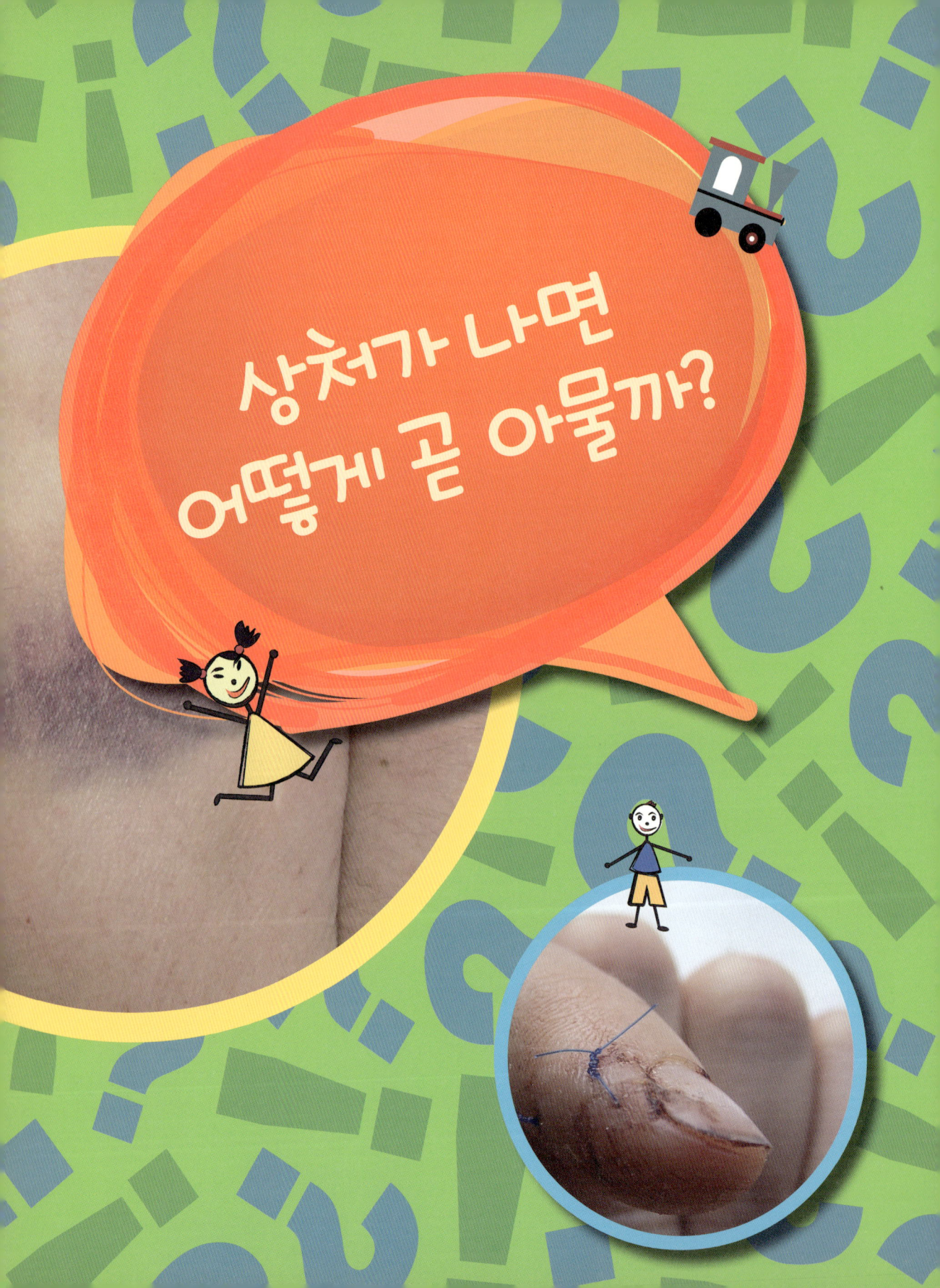

피부에는 저절로 치료하는 능력이 있어요

몸에 상처가 나도 곧 아무는 것은 사람의 피부에 저절로 치료하는 능력이 있기 때문이에요. 만약 피부에 상처가 나면, 피부는 몸을 보호하기 위해 빨리 피부 세포를 만들어 원래의 피부로 돌아가려고 해요. 그래서 우리 몸은 상처가 나도 곧 아물 수 있는 거예요.

그런데 상처가 아물면서 흉터가 생길 때도 있어요. 새로 생긴 피부 세포가 원래 피부 세포보다 더 많이 생기거나 더 적게 생길 경우 흉터가 남아요. 또한 겨울에는 다른 계절보다 건조하기 때문에 피부에 상처도 잘 생기고 잘 낫지도 않아요.

피부는 우리 몸의 보호막이에요

우리 몸의 피부는 '몸의 보호막'이 되어 사람의 건강을 지키기 위해 노력해요. 피부는 몸을 지키는 역할뿐만이 아니라 몸의 체온을 조절하고 노폐물을 밖으로 내보내는 일도 해요 그리고 피부로 호흡도 하여 폐가 하는 일을 도와주기도 해요. 게다가 수분, 산소 등을 흡수하여 영양소를 저장하는 등 아주 많은 일을 하고 있어요.

색맹이란 뭘까?

'색맹'이란 눈이 보이지 않는 것이 아니라 어떤 특정한 색을 구별하지 못하는 것을 말해요. 대표적인 색맹으로는 빨간색과 녹색을 잘 구별하지 못하는 적록 색맹이 있어요. 적록 색맹인 사람은 빨강, 녹색, 파랑으로 이루어진 신호등의 색깔을 잘 구별하지 못해요. 그리고 전혀 색깔을 구별하지 못하는 전색맹도 있지만 대부분 적록 색맹이 많아요.

피는 세균의 침투를 막아요

　피부에 상처가 나면 그곳으로 나쁜 세균들이 들어 갈 수 있어요. 이때 혈액은 상처난 곳에 세균이 들어오지 못하도록 피를 엉겨 붙게 만들어요.

멍은 혈관이 터진 거예요

　피부에 상처가 나는 대신 멍이 들 때도 있어요. 피부가 외부의 충격을 받았을 때, 그 충격으로 피부 밑에 있는 혈관들이 터지면 멍이 생겨요. 혈관들이 터져 나와 피가 엉겨 붙은 것이 사람 눈에는 멍으로 보이는 거예요. 이런 멍들은 2주 정도가 지나면 사라져요.

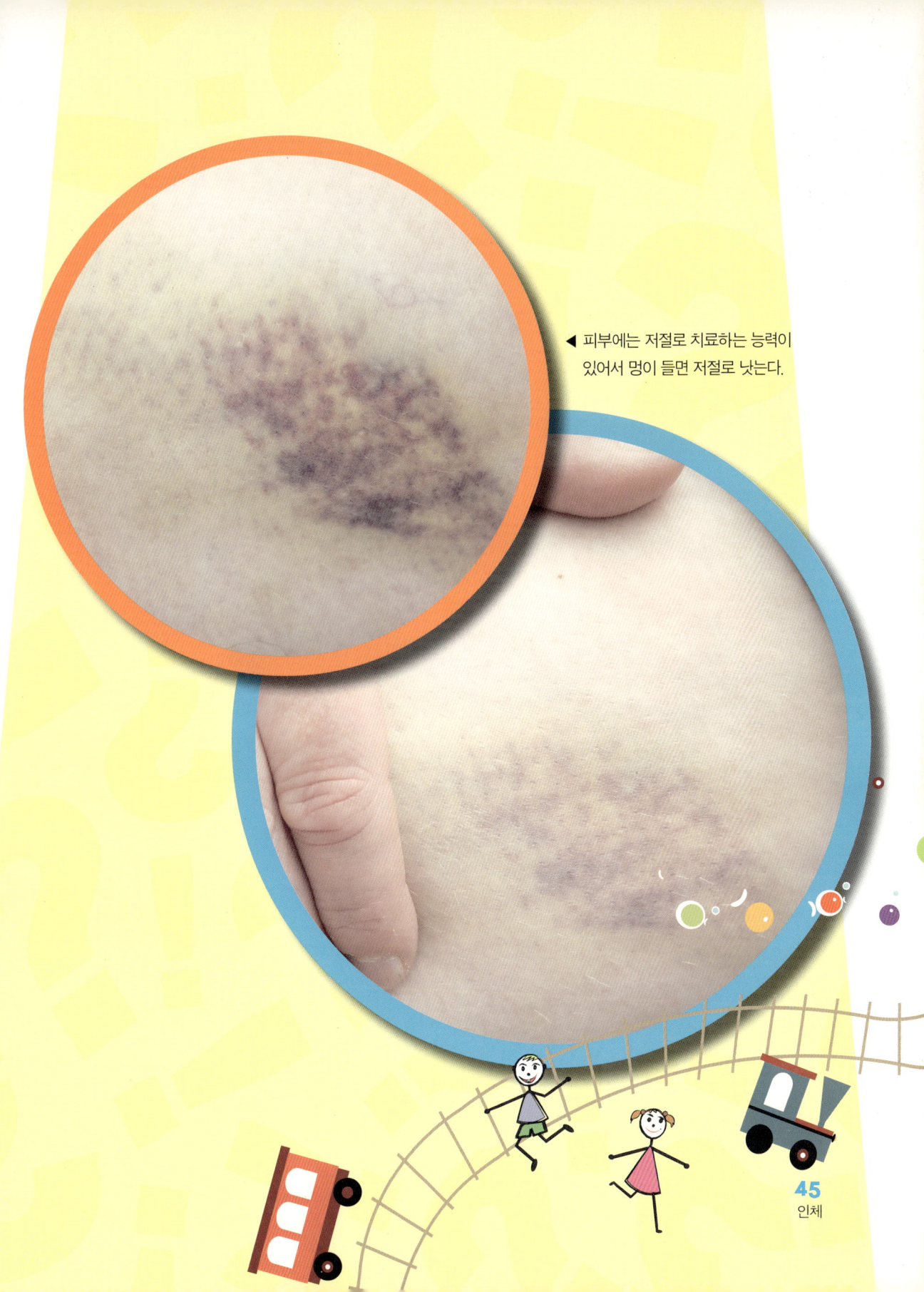

◀ 피부에는 저절로 치료하는 능력이 있어서 멍이 들면 저절로 낫는다.

지문은 물건을 집기 위해 필요해요

사람의 손가락 안쪽에 있는 무늬를 지문이라고 해요. 지문이 있는 이유는 물건을 집을 때 미끄러지지 않고 잘 집기 위해서예요. 지문이 있어야만 물건과의 마찰력이 높아지기 때문이에요. 지문은 손가락의 살갗을 거칠게 만들어 마찰력을 높여 유리처럼 미끄러운 물건도 잘 잡을 수 있도록 해 줘요. 만약 손에 지문이 없으면 마찰력이 낮아져 물건을 잡을 때 미끄러져 금방 떨어뜨리고 말아요. 뿐만 아니라 지문은 손끝에 물집이 생기지 않도록 손끝의 물기를 잘 빠져 나가게도 해요

마찰력이란 운동을 방해하는 힘이에요

마찰력이란 어떤 물체의 운동을 방해하는 힘을 말해요. 책상 위에서 연필을 굴리면 굴러가다가 곧 멈추게 되는데, 그 원인은 책상과 접촉하며 생긴 마찰력 때문이에요. 미끄러운 바닥보다 울퉁불퉁한 바닥에서 공이 잘 굴러가지 않는 것은 울퉁불퉁한 곳의 마찰력이 더 세서 그런 거예요.

지문이 같을 확률은 6백 40억분의 1이에요

지문은 사람마다 모두 다르고 영원히 바뀌지 않아요. 그래서 지문을 활용해 범인을 잡기도 해요. 사람의 지문은 엄마 배 속에 있을 때부터 생겨요. 같은 배 속에 있는 쌍둥이라도 지문은 달라요. 지문이 같을 확률은 6백40억분의 1이라고 해요. 지금 전 세계 인구가 70억 명 정도밖에 되지 않으니 지문이 같을 확률은 거의 없어요.

오줌은 노폐물이 나오는 거예요

오줌은 몸 안에 생긴 노폐물들이 액체 상태로 방광에 저장되어 있다가 밖으로 나오는 것을 말해요. 정상적인 사람은 하루에 다섯 번 정도 오줌을 싸요.

오줌 저장소가 방광이에요

방광이란 사람 몸속에 있는 오줌을 저장하는 주머니라고 생각하면 돼요. 방광은 오줌을 저장하고 있다가 양이 차게 되면 요도를 통해 몸 밖으로 내보내요. 방광은 오줌이 차면 풍선처럼 두께는 점점 얇아지고 크기가 커져요.

그러나 오줌을 내보내면 다시 크기가 줄어들고 두께도 두꺼워져요.

참지 말고 제때 누는 것이 제일 좋아요

오줌을 참는다는 것은 요도 주위의 괄약근을 심하게 조인다는 것을 의미해요. 그런데 오줌을 너무 자주 참으면 요도 주위의 괄약근이 막혀서 오줌을 잘 못 내보낼 수도 있어요. 그래서 너무 오래 참지 말로 제때 누는 것이 제일 좋아요. 괄약근이란 항문처럼 배출을 조절하기 위해 늘어났다 줄어들었다 하는 근육을 말해요.

오줌을 누고 나면 왜 몸을 떨까?

오줌을 누고 나면 몸이 부르르 떨려요. 몸이 떨리는 이유는 오줌과 함께 따뜻한 기운도 함께 몸속에서 빠져나갔기 때문이에요. 따뜻한 기운이 빠져나갔다는 것은 몸에 열이 내려갔다는 것을 말해요. 그러면 우리의 몸은 바로 몸을 떨어서 빠져나간 열을 보충해요. 그러니까 몸을 떠는 것은 바로 열을 보충하는 운동이에요. 잠시 떨고 나면 몸에 열이 보충되면서 오줌을 누기 이전으로 몸의 온도가 돌아가요.

먼지가 코의 점막을 건드려서 그래요

사람이 재채기를 하는 이유는 코의 점막이 자극을 받았기 때문이에요.

사람의 눈에는 보이지 않지만 공기 중에는 미세한 먼지들이 둥둥 떠다니고 있어요. 이 먼지들이 코로 들어가게 되면 코의 점막을 건드리기도 해요. 이때 코가 간지러운 것을 느끼고 재채기를 하는 거예요. 점막이란 입안이나 식도, 위와 창자 등의 공간을 감싸고 있는 끈끈한 막을 말해요.

재채기의 횟수는 그때그때 달라요

재채기를 하는 횟수는 먼지를 다 제거했느냐에 따라 달라져요. 한 번 재채기를 해서 코로 들어온 먼지를 모두 제거했다면 더는 재채기를 하지 않아요. 반면 계속 재채기를 하는 것은 아직 콧속에 이물질이 들어있다는 증거예요.

눈알이 못 튀어나오도록 눈을 감아요

사람은 재채기를 하는 순간 눈을 꼭 감아요. 그 이유는 재채기를 할 때 눈알이 튀어나오는 것을 막기 위해서예요. 재채기의 속도는 100미터를 1초 만에 달리는 것과 같을 정도로 아주 빨라요. 그래서 재채기를 할 경우 그 빠른 속도 때문에 눈이 튀어나올 수도 있어요. 그래서 눈 주위의 근육들은 눈알이 튀어나오는 것을 막기 위해 자신들을 움츠려요. 이것이 재채기를 할 때 저절로 눈이 감기는 원인이에요.

사람 몸에는 생체 시계가 있어요

사람의 뇌에는 신체와 감정, 이성 등을 조절하는 생체 시계가 있어요. 예를 들어 생체 시계는 밤이 되면 어둡다고 느껴 멜라토닌이라는 호르몬을 내보내요. 그러면 사람은 졸려서 잠을 자게 되어요. 왜 하필 어두울 때 생체 시계가 멜라토닌을 내보내는지 아직 제대로 밝혀지지는 않았어요. 그저 어두운 밤에는 활동을 할 수 없기 때문에 낮 동안 피곤했던 몸과 마음을 쉬게 하려는 것이라고 추측하고 있어요. 멜라토닌이란 사람 뇌에서 나오는 호르몬을 말해요. 멜라토닌은 잠을 조절하는 기능뿐만이 아니라 사람의

신체 리듬을 조절하거나 수명을 결정하는 역할까지 하고 있어요.

평생의 3분의 1을 잠으로 보내요

사람은 평생의 3분의 1을 잠으로 보내요. 사람의 수명을 80세라고 하면 그중 20~30년은 잠으로 보낸다는 거예요. 너무 많은 시간을 잠으로 쓴다고 생각할 수도 있지만 잠은 사람에게 꼭 필요해요. 잠은 피곤해진 몸과 마음을 편히 쉬게 할 뿐만 아니라 낮에 섭취한 음식물을 에너지로 만들어 다음 날 사람이 활발히 활동할 수 있게 힘을 주는 것도 잠이에요. 그리고 잠자는 동안 성장 호르몬을 내보내 키도 쑥쑥 크게

뇌가 말을 명령하는 시간은 얼마나 걸릴까?

소리는 입을 통해서 나오지만 우리가 무슨 말을 할지 결정하고 판단하는 기관은 바로 뇌예요. 뇌는 어떤 상황이 벌어지면 그것을 빨리 판단하고 상황에 맞는 적당한 말을 찾아서 말을 하도록 해요. 이것을 결정하는 데 걸리는 시간은 1초도 되지 않는다고 해요. 하지만 평소에 책을 읽어 많은 것을 준비하지 않으면 뇌가 아는 것이 적어 제대로 된 말을 못하겠지요.

도와주어요.

잠은 뇌도 쉬게 만들어요

　잠은 낮 동안에 열심히 일했던 뇌도 쉬게 해요. 잠을 자게 되면 뇌는 사람의 기억을 정리하고 없애고 보관하는 기능 등을 제외하고는 휴식을 취해요. 뇌가 휴식을 취하면 뇌의 지시를 받던 몸속 신경들도 멈추게 돼요. 잠을 잘 때는 사람의 눈꺼풀을 들어 주는 신경도 뇌의 지시를 받지 못해요. 그래서 눈꺼풀은 자연스럽게 아래로 내려오게 돼요. 이 때문에 사람은 잠을 잘 때 두 눈을 감고 자는 거예요.

▲ 사람과 마찬가지로 대부분의 동물들도 생체 시계에 따라 밤이 되면 잠을 잔다.

반고리관이 평형 감각을 담당해요

사람의 귀에는 반고리관이란 것이 있는데 몸의 평형 감각을 조절하는 기능을 하고 있어요. 그래서 몸이 심하게 회전을 하면 반고리관이 얼른 알아차려서 뇌에 이 사실을 알려 줘요. 반고리관에는 림프라는 액체와 긴 털을 가진 감각모가 있어요. 사람의 몸이 회전을 하면 림프액은 계속해서 제자리를 지키려고 몸의 회전 방향과 반대 방향으로 흘러가요. 이때 덩달아 감각모의 털도 휘어지면서 반고리관 벽에 붙은 감각 세포들을 자극해요. 이 자극으로 사람은 어지러움을 느끼는데 이것을 멀미라고 해요.

정보의 혼동으로 멀미가 생겨요

눈이 반고리관의 움직임을 못 따라갈 때도 어지럼증을 느끼게 돼요.

차를 탄 채 책을 읽을 때 멀미가 나는 것도 이와 같은 이치예요. 차는 덜컹덜컹 움직이는데 눈은 책을 읽기 위해 시선을 앞으로 향하고 있어요. 이때 귓속의 반고리관은 몸이 움직이고 있다는 것을 느끼지만 눈은 책에 고정되어서 움직이지 않는 거예요. 이때 서로 감각의 충돌이 일어나면서 속이 메슥거리고 구토가 나오려고 하는 거예요.

비행기에서도 마찬가지예요. 비행기를 타고 있으면 조

귓속의 귀지는 무슨 역할을 할까?

귓구멍 둘레에는 피지선이 있어서 여기서 지방 성분이 나와요. 이 지방 성분은 기름기가 있어서 주위의 먼지나 세균을 붙잡아 굳게 만드는데 이것을 귀지라고 해요. 보통 우리는 귀지를 귓속에 생기는 때로 알고 자꾸 파내려고 해요. 물론 너무 많아도 좋지 않지만 귀지는 자기 나름 귓속에서 중요한 역할을 해요. 귀지가 귓구멍의 중간에 버티고 있기 때문에 먼지나 불순물이 귓속으로 들어가지 못해요. 그래서 귀지는 귓속을 보호하는 역할도 해요.

용히 하늘을 날고 있는 듯하지만 실제로는 자동차보다 무려 열 배나 빠른 속도로 움직이고 있어요. 타고 있는 사람은 이 사실을 잘 못 느끼지만 몸속 다른 기관들은 몸이 많이 흔들리고 있다는 것을 알아요. 그래서 멀미가 나는 거예요. 이처럼 멀미는 사람의 행동을 막거나 조절하는 중추 신경이 정보를 혼동하면서 생기는 현상이에요.

반고리관을 마비시켜 멀미를 막아요

귀 밑에 멀미약을 붙이면 왜 효과를 보게 되는 걸까요? 귀 밑에 멀미약을 붙이는 것은 반고리관이 바로 그 위치에 있기 때문이에요. 멀미약에 있는 스코폴라민이란 성분이 피부를 통해 흡수되면서 반고리관을 마비시켜주는 역할을 해요. 반고리관이 마비되면 정보의 혼동을 느끼지 않아요. 그래서 멀미가 나지 않는 거예요.

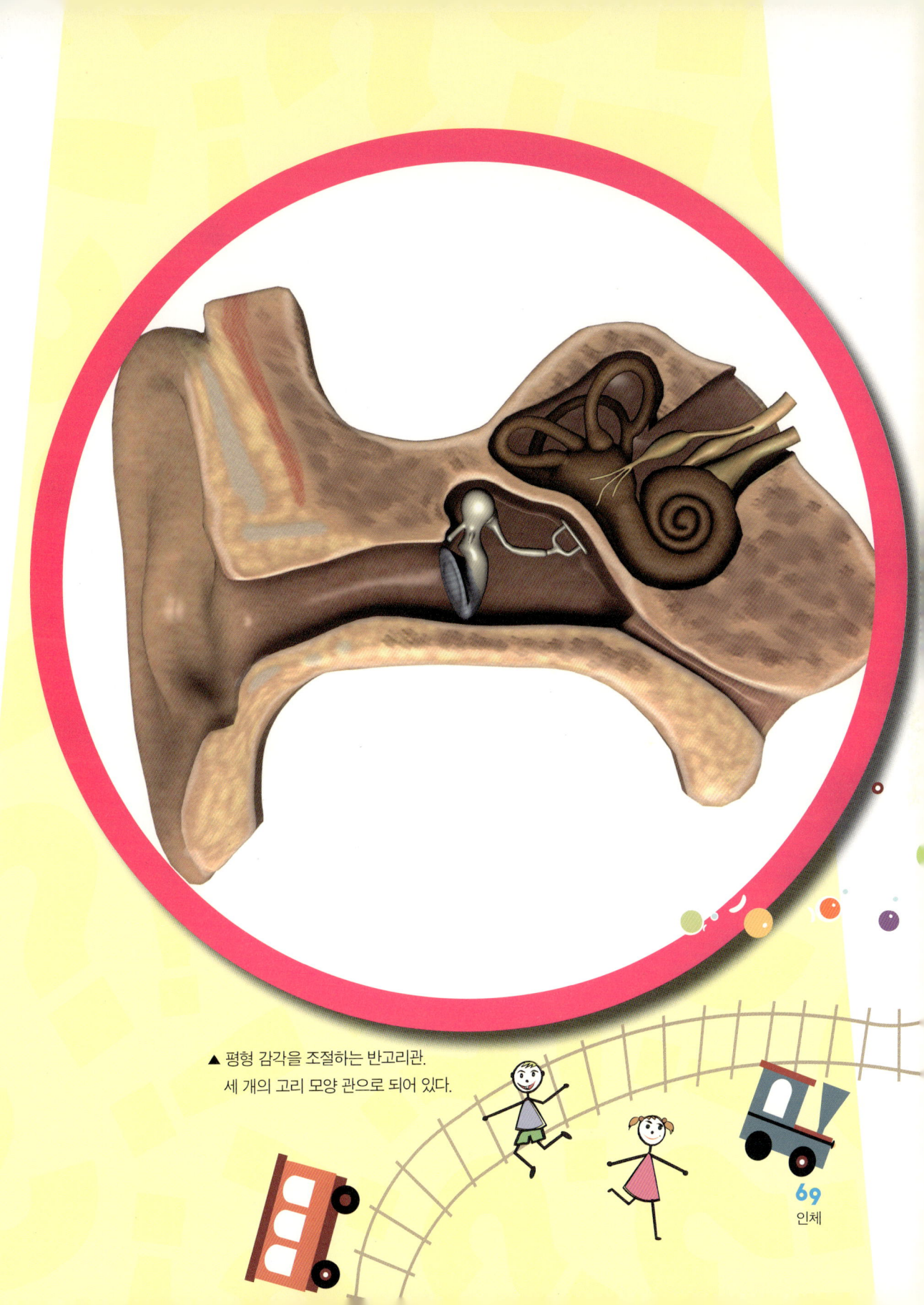

▲ 평형 감각을 조절하는 반고리관.
세 개의 고리 모양 관으로 되어 있다.

방구나 트림은 왜 나올까?

마신 공기가 다시 나오는 것이 방귀나 트림이에요

　음식을 먹을 때 음식 사이에 들어 있는 공기도 같이 넘어가게 돼요. 이렇게 같이 넘어간 공기는 대부분 나중에 다시 입으로 나오게 되는데, 이것이 바로 트림이에요. 그리고 입으로 나오지 못한 공기는 그대로 위를 지나 대장으로 가요. 대장으로 넘어간 공기는 나중에 다른 가스와 함께 항문으로 나와요.

　음식이 대장으로 들어오면 대장의 세균은 음식을 분해하면서 가스를 만들어요. 특히 땅콩, 계란 등의 음식은 분

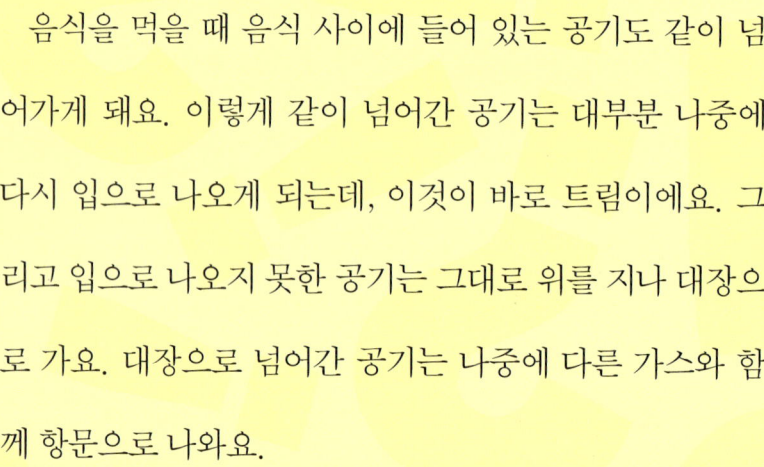

해가 어려워 가스가 더 잘 만들어져
요. 이렇게 만들어진 가스와 입으로
넘어간 공기는 방귀가 되어 나오는
거예요.

방귀는 항문 주위가 떨리는 소리예요

방귀는 항문을 통해 빠져 나와요.
평소 항문은 꽉 조여져 있는데 방귀
가 나오면 항문 주변은 떨리게 되어요. 항문 주위가 떨릴
때 나는 소리가 바로 방귀 소리예요.

음식에 따라 소리와 냄새가 달라요

방귀의 냄새는 먹는 음식에 따라 달라져요. 탄수화물
성분을 많이 먹으면 주로 이산화탄소로 구성된 방귀가 많

이 만들어져요. 이 방귀는 만들어지는 양은 무척 많지만 반대로 냄새 성분은 적어요. 그래서 밥을 많이 먹고 방귀를 뀌면 소리는 크지만 냄새는 그렇게 심하지 않아요. 반면 단백질 성분을 많이 먹으면 양은 적어도 고약한 냄새를 풍기는 성분이 가득한 방귀가 만들어져요. 그래서 고기 종류를 먹고 방귀를 뀌

면 양은 적어서 소리
는 별로 안 나지
만 냄새는 아
주 지독해요.

▲ 치즈, 계란, 고기 등의 단백질 음식은 방귀 냄새를 지독하게 만든다.

이물질이 들어오지 못하도록 눈을 깜빡거려요

공기 중에는 먼지나 꽃가루 같은 이물질이 많이 떠다녀요. 이렇게 떠다니는 이물질들은 아주 작아서 자칫하면 사람의 눈으로 들어올 수 있어요. 그래서 이런 이물질이 들어오지 못하게 눈은 눈꺼풀을 열었다 닫았다 하는 것이에요.

하루에 1만 번씩 깜빡거려요

사람은 평균 1분에 열 번 정도 눈을 깜빡거려요. 그런데

사람은 자신이 이렇게 눈을 많이 깜빡거리는지 잘 몰라요. 1분에 열번 이상 깜빡거린다면 그만큼 눈을 감는 사이 앞이 어두워지는 현상을 겪어야 하는데 사람은 거의 느끼지 못해요. 이유는 바로 두 눈을 동시에 감을 때 뇌의 특정 부분도 같이 꺼지기 때문이에요. 그래서 뇌는 어두움을 인식하지 못하고 세상을 연속된 장면으로 기억하는 거예요.

사람의 머리카락은 몇 개일까?

사람의 머리카락은 사람마다 조금씩 다르지만 평균적으로는 약 10만개 정도라고 해요. 그 머리카락은 1년에 약 20센티미터 정도 자란다고 해요. 그래서 길게 기르려면 최소한 몇 년이 걸려요. 머리카락은 하루에 약 50~60개 정도씩 빠지지만 그 수만큼 새로 나오기 때문에 별 걱정할 필요는 없어요. 그리고 머리카락은 추울 때보다 더울 때 더 잘 자란다고 해요.

새들은 눈을 번갈아 깜빡거려요

사람과 달리 새들은 한쪽 눈씩 번갈아 가며 깜박거려요. 새들은 사람과 달리 두 눈을 동시에 감으면 앞을 볼 수

가 없어요. 그래서 한 번에 한쪽 눈씩 번갈아 깜박거려요.

물고기는 눈을 깜빡거리지 않아요

물속에 사는 물고기는 어떨까요? 물고기는 눈꺼풀이 없기 때문에 눈을 깜빡거리지 않아요. 물고기들이 눈꺼풀이 없는 이유는 땅에 사는 동물과 달리 물에서는 눈에 이물질이 들어가지 않기 때문이에요. 그래서 물고기들은 잘 때도 눈을 뜨고 자요. 포유류인 고래도 물속에 살다 보니 눈꺼풀이 거의 사라져 눈을 깜빡거리지 않아요.

▲ 눈을 뜨고 자는 물고기의 모습

사람은 3억대 1의 경쟁률을 뚫고 생겨요

남자와 여자가 사랑을 하면 남자의 생식기에서 정자가 나오는데 그 개수는 약 3억 개 정도라고 해요. 그 3억 개의 정자 중 단 한 개만이 여자의 난자와 만나면서 임신이 이루어져요. 그러니까 모든 사람은 3억 대 1의 경쟁률을 뚫고 태어난 소중한 존재들이에요.

이처럼 정자와 난자가 만나 하나로 합쳐지는 수정이 되면 아기는 엄마의 배 속에서 성장하기 시작해요. 이때까지는 남녀의 구분이 없어요.

임신 3개월이 되면 남자와 여자의 구분이 생겨요

임신 3개월이 되면 태아의 성기가 자라기 시작해요. 그래서 임신 3개월 이후부터 남녀를 구분할 수 있어요. 난자에는 X염색체가 있고 정자에는 X염색체와 Y염색체가 있어요. 이 두 염색체가 어떻게 만나느냐에 따라서 성별이 결정되는 거예요. 만약 난자의 X염색체와 정자의 X염색체가 만나면 여자로 태어나고 난자의 X염색체와 정자의 Y염색체가 만나면 남자로 태어나요.

눈물이 부족하면 눈이 빨개져요

눈은 피곤하면 빨갛게 되는데 그 이유는 바로 눈물이 부족하기 때문이에요. 눈물은 눈동자를 촉촉하게 만들어 눈동자가 눈꺼풀에 직접 닿지 않도록 도와주어요. 그런데 사람은 피곤하게 되면 눈물이 잘 나오지 않아요. 이때 눈물이 부족하여 눈동자가 눈꺼풀에 닿는 횟수가 많아지면서 그 마찰에 의해 눈이 빨개지는 거예요.

모세 혈관이 부풀어 올라서 빨개요

사람은 몸이 피곤하면 필요한 에너지를 만들거나 필요

없는 에너지를 밖으로 내보내는 역할을 제대로 하지 못해요. 그러다 보면 몸 안에 많은 가스가 차게 되고, 이 가스로 혈압이 올라가면서 눈에 영향을 주어요.

이 자극으로 눈이 영향을 받게 되면 흰 눈동자의 실핏줄이 부풀어 오르는데 이 실핏줄을 모세 혈관이라고 해요. 모세 혈관이 부풀어 오르면 눈동자가 벌겋게 보이게 되고 사람들은 이것을 보고 눈이 충혈되었다고 하는 거예요.

푹 쉬면 금방 사라져요

눈은 피곤하거나 지나치게 많이 쓸 경우 빨개질 수 있어요. 그러나 이런 경우 한숨 푹 자고 나면 피로가 풀리면서 충혈은 금방 사라져요. 그러나 눈이 자주 빨개진다면 눈에 이상이 있다는 신호이기 때문에 꼭 병원에 가야 해요. 안경이나 렌즈가 눈에 잘 맞지 않을 경우 눈에 염증이 생겨 빨개질 수도 있어요.

왜 감기에 걸릴까?

바이러스에 감염되는 것이 감기예요

감기는 바이러스 때문에 걸리는데 숨을 쉴 때 코로 들어와요. 코로 들어온 바이러스는 콧속 벽에 찰싹 달라붙어 코의 안쪽 벽에 염증을 일으켜요.

감기는 겨울에 더 잘 걸려요

감기는 추운 날씨 때문에 여름보다 겨울에 더 잘 걸려요. 날씨가 추워지면 사람 몸의 면역 기능도 약해지기 때문이에요. 그래서 바이러스가 들어와도 맞서 싸울 힘이 약해져요.

이때 바이러스는 몸속으로 퍼져 나가 콧물을 흘리게 하거나 재채기를 나오게 하며, 열도 나게 만들어요. 이러한 증상을 감기라고 부르는 거예요.

콧물은 싸움의 흔적이에요

바이러스의 공격을 당하면 사람의 몸은 혈액 속의 수분과 백혈구를 내보내 싸우게 해요. 이 싸움의 결과로 바이러스도 죽고 코 안쪽 벽에 있던 세포들도 죽게 되는데 이 흔적이 콧물로 나오는 거예요.

그런데 여기서 바이러스를 막지 못하면 바이러스는 목으로 넘어가 목이 붓고 재채기를 일으키며 두통이나 열도

나게 만들어요.

감기를 막으려면 청결이 중요해요

감기에 걸리지 않으려면 몸을 깨끗이 하는 게 중요해요. 깨끗한 몸에는 바이러스가 잘 침투하지 못하기 때문이에요. 하지만 더 중요한 것은 몸을 튼튼히 만들어 면역 기능을 높이는 것이에요. 면역 기능을 높이기 위해서는 운동을 열심히 해야 해요. 운동을 열심히 하면 아무리 몸 속으로 바이러스가 들어온다고 해도 쉽게 감기에 걸리지 않아요.

▲ 바이러스를 막으려면 늘 깨끗이 씻는 것이 중요하다.

여러 가지 생리적인 눈물이 있어요

눈물은 눈 안쪽에 있는 눈물샘에서 나오는 액체로 눈물에는 여러 종류가 있어요. 먼저 '평상시 눈물'이 있어요. 사람은 평소에도 5초마다 눈물샘에서 눈물을 만들어내요. 그러나 그 양이 매우 적기 때문에 우리는 잘 느끼지 못해요. 이런 평상시 눈물은 눈이 건조해지지 않도록 눈동자를 적셔 주는 역할을 해요.

두 번째로는 '반사적 눈물'이 있어요. 이 눈물은 날씨가 춥거나 하품을 할 때에 흘리는 눈물이에요. 날씨가 추우면 체온을 유지하기 위해 온몸을 떨게 되고 이때 얼굴 근육도 같이 떨려요. 이렇게 몸과 얼굴이 떨릴 때 눈물주머니를 누르게 되어 눈물이 나오는 거예요. 하품을 할 때도 이와 같은 과정을 겪으면서 눈물을 흘리게 돼요. 반면 먼지가 들어갔을 때나 양파를 썰 때에는 눈에 들어가는 이물질을 막거나 밖으로 내보내기 위해 눈물을 흘려요.

변성기란 뭘까?

사춘기 때는 목소리를 내는 성대에 변화가 일어나요. 그래서 목소리가 변하게 되는데 이 시기를 변성기라고 해요. 사춘기란 육체적, 정신적으로 어른이 되어 가는 과정에 있는 시기인데 변성기도 이때 나타나는 변화 중 하나예요. 변성기는 남녀 모두에게 찾아오지만 여자보다 남자의 목소리 변화가 더 심해요. 그래서 얼핏 보면 변성기는 남자에게만 있는 것처럼 보여요.

감정의 눈물은 기쁘거나 슬플 때 흘려요

'감정의 눈물'도 있어요. 사람이 기쁘거나 슬플 때에는 '도파민'이라는 호르몬이 과다하게 만들어지면서 눈물샘을 자극해요. 이때 흘리는 눈물은 반사적 눈물과는 달리 많은 수분과 염화나트륨을 포함하고

있어서 다른 눈물보다 더 짜요.

도파민은 감정 전달 호르몬이에요

도파민은 뇌에서 나오는 호르몬으로 감정을 전달해 주는 역할을 해요. 사람이 기쁘거나 슬프다는 자극을 받으면 뇌에서는 도파민을 내보내요. 또한 도파민은 몸의 운동을 조절하는 기능도 하고 있어요. 그래서 도파민이 부족하면 몸이 떨리고 움직임이 느려지는 파킨슨병에 걸리기도 해요.

▲ 양파를 썰 때 물안경을 끼거나 칼에 물을 묻혀 썰면 눈이 덜 자극된다.

횡격막 때문에 딸꾹질을 해요

사람을 포함한 모든 동물들은 허파로 숨을 쉬어요. 그런데 허파에는 근육이 없어서 스스로 움직일 수가 없어요. 대신 허파 밑에 있는 횡격막이 허파의 크기를 조절하면서 공기를 넣고 빼는 역할을 도와주어요.

사람은 갑자기 놀라면 저절로 횡격막이 쪼그라들어요. 너무 빨리 음식을 먹거나 너무 차가운 음식을 먹어도 횡격막이 쪼그라들어요. 횡격막이 쪼그라들면 소리를 내는 기관인 성대로 들어오는 공기가 갑자기 막히면서 딸꾹하는 소리가 나는데 이것을 딸꾹질이라고 해요.

딸꾹질은 갑작스런 변화에 멈추어요

딸꾹질은 갑작스런 변화에 놀라 일어나는 것이니 그보다 더 큰 자극으로 신경을 다른 곳으로 돌리면 돼요.

예를 들어 딸꾹질하는 사람을 깜짝 놀라게 하면 몸 안에서 사람의 미각, 온도, 운동 등 다양한 감각을 느끼게 도와주는 신경인 미주 신경도 깜짝 놀라요. 깜짝 놀란 미주 신경은 얼른 뇌에 딸꾹질보다 더 중요하고 위험한 일이 있다고 알려 줘요. 그러면 뇌가 그 문제에 집중하게 되고 자연스레 딸꾹질이 멈추는 것이지요. 흔히 오랫동안 숨을 참으면 딸꾹질이 멎는다고 해요. 왜냐하면 숨을 멈추면 혈액 속의 일산화탄소가 증가함으로써 몸의 산소 운반을 방해하기 때문이에요. 그러면 몸은 산소를 원활히 운반하는 일이 더 급하다고 판단하여 그 일에 집중을 하게 되고 자연스레 딸꾹질이 멎게 되어요.

에너지를 만들면 오줌이 많이 생겨요

날씨가 추워지면 체온이 내려가요. 이때 사람의 몸은 체온이 내려가는 것을 막고 몸에 열을 올리려고 몸을 오들오들 떨어요. 이렇게 떨면서 몸에 열을 만들려면 많은 에너지가 필요해요. 그래서 몸은 몸에 있는 영양분을 빨리 분해하는데 이때 물이 만들어지면서 오줌도 많아지게 돼요. 그래서 추울 때 오줌을 자주 누는 거예요.

겨울에는 땀보다 오줌으로 나와요

겨울에 오줌을 자주 누는 이유는 날씨가 추워지면서 땀

이 잘 나지 않기 때문이에요. 무더운 여름에는 몸의 열을 식히기 위해 수분을 땀으로 많이 내보내요. 그런데 추운 날에는 땀이 잘 나오지 않으니 수분이 방광으로 모이게 돼요. 그래서 겨울에는 여름보다 더 화장실에 자주 가게 되고 그 양도 많은 거예요.

춥다는 생각도 오줌을 만들어요

사람은 기온이 떨어지면 '춥다'고 느끼게 돼요. 그런데 이런 생각은 뇌에 스트레스로 작용하여 혈관, 혈압 등을 수축하는 교감 신경을 자극해요. 이때 자극을 받은 교감 신경이 활발히 움직이면서 방광의 수축도 잘 일어나 더 자주 오줌을 밖으로 내보내게 돼요. 교감 신경은 사람의 행동을 제어하는 말초 신경에 포함된 신경이에요. 교감 신

경은 사람이 긴장을 하면 혈관과 혈압을 오그라들게 만들어요. 그래서 사람은 공포를 느낄 때 눈이 커지고, 심장이 쿵쾅쿵쾅 뛰는 거예요.

◀ 추위나 공포를 느끼는 등의 긴장을 하면
혈관이 오그라들어 방광에 영향을 준다.

혓바닥의 미뢰가 맛을 느껴요

사람의 혓바닥에는 맛을 느끼는 수많은 돌기가 있는데 이것을 미뢰라고 해요. 이 미뢰 때문에 단맛, 쓴맛 등의 맛을 알 수 있는데 혀의 맨 앞은 단맛, 양 옆은 신맛, 안쪽은 짠맛, 맨 뒷부분은 쓴 맛을 느껴요.

혀는 쓴맛, 신맛, 짠맛, 단맛의 순서로 맛을 민감하게 느껴요. 쓴맛을 가장 민감하게 느끼는 이유는 고기의 탄 부분이나 상한 것 등 몸에 해로운 음식 중에는 쓴맛을 지닌 것이 많기 때문이에요.

코로도 맛을 느껴요

사람은 입으로만 맛을 느끼는 것이 아니라 다른 감각을 통해서도 맛을 느낄 수 있어요. 먼저 코로도 맛을 느낄 수 있는데 감기에 걸려 코가 막혔을 때 맛이 잘 느껴지지 않는 이유도 이와 같아요. 사람의 혀는 단맛, 신맛, 짠맛, 쓴맛, 정도밖에 느끼지 못하지만 코는 혀가 느끼지 못하는 느끼한 맛 등을 느낄 수 있게 해 줘요.

음식이 입속에 닿아서 느껴지는 촉감으로도 맛을 알 수 있어요. 뿐만 아니라 혀를 아프게 하여 고통을 주는 통각도 맛을 느끼는 데 도움을 줘요.

꼬르륵 소리는 위에 에너지가 없다는 신호예요

배에서 꼬르륵 소리가 나는 것은 위에 에너지가 없기 때문에 음식을 빨리 넣으라는 신호예요. 또 꼬르륵 소리는 위가 자기 할 일을 제대로 하고 있고 건강하게 있다는 신호이기도 해요.

공기가 빠지면서 꼬르륵 소리가 나요

사람의 몸 안에 음식이 들어가면 소화를 통해 에너지를 만들어요. 우리 몸은 에너지가 필요하면 뇌에 이 사실

을 알려요. 뇌는 다시 위에 신호를 보내 빨리 에너지를 만들라고 해요. 이때 위에 음식이 없다면 에너지를 만들 재료가 없는 거예요. 재료가 없더라도 명령을 받은 위는 활동을 시작하고 이때 텅 빈 위에 있던 공기들만 움직이면서 공기 새는 소리인 꼬르륵 소리가 나는 거예요. 이렇게 사람은 음식을 먹고 에너지를 만들어 사용하는 과정을 하루에 세 번 정도 겪어요.

키는 뼈와 근육이 자라는 거예요

사람의 키는 사람 몸에 있는 뼈와 근육이 자라면서 자연스럽게 커지게 되어요. 이제 막 태어난 아기의 몸은 약 350개의 작은 뼈로 이루어져 있어요. 그러나 나이를 먹으면서 작은 뼈들이 서로 붙고, 단단해지고 또 길어지고 굵어져요. 그래서 어른이 되면 아이 때보다 훨씬 적은 206개의 뼈로 이루어져요.

또한 뼈의 끝에는 얇은 원판 모양의 연골이 있어요. 연골이란 부드러운 뼈라는 뜻으로 이 연골이 뼈로 바뀌면서 키가 커지게 돼요. 그리고 이 연골이 전부 단단한 뼈로 바

꿔게 되면 키는 더 이상 자라지 않아요. 흔히 이것을 '성장판이 닫혔다'고 말해요.

성장통은 뼈와 근육의 성장 속도 차이 때문에 생겨요

성장판은 긴 뼈의 끝부분에 위치해 있는데 대부분 관절 마디에 있어요. 이 성장판이 자라면서 키가 크는 거예요.

늙으면 왜 머리가 하얘질까?

사람은 나이가 들면 세포의 기능과 활동이 약해진다고 해요. 그래서 머리카락의 색을 결정하는 모낭의 멜라닌도 활동력이 떨어지면서 머리카락에도 점점 색소가 부족해져요. 그래서 머리카락이 흰색으로 바뀌는 거예요. 하지만 어릴 때부터 머리카락이 하얗게 변한다면 이때는 나이가 들면서 그렇게 되는 것과 달리 다른 유전적인 요인 때문에 그래요.

키가 한창 커질 때 성장판은 쑥쑥 자라는데 주변의 근육이나 인대가 그 속도를 따라가지 못하는 경우가 생겨요. 이때 사람은 성장의 속도 차이 때문에 몸에 통증을 느끼게 돼요. 이것을 성장통이라고 해요.

성장 호르몬은 청소년 때 가장 많이 나와요

청소년기에 키가 제일 많이 크는 것은 이때 '성장 호르몬'이 가장 많이 분비되기 때문이에요. 성장 호르몬은 남자보다 여자가 더 일찍 나와서 어렸을 때는 같은 나이라도 여자가 더 큰 경우가 많아요. 그러나 남자의 성장 호르몬은 여자의 성장 호르몬보다 더 오랫동안 나오기 때문에 여자보다 더 오랜 기간 키가 자라요. 그래서 나중에는 남자의 키가 여자의 키보다 큰 경우가 대부분이에요.

성장 호르몬은 새벽에 많이 나와요

성장 호르몬은 대뇌 밑에 있는 뇌하수체 전엽에서 나오는 호르몬이에요. 성장 호르몬은 뼈를 자라게 도와주며, 지방을 분해하는 기능도 해요.

성장 호르몬은 깨어 있을 때보다는 깊은 잠을 잘 때, 새

벽 1~2시 사이에 가장 많이 나와요. 어른들이 일찍 자야

키가 큰다고 말하는 것은 일찍 자야만 새벽 1시쯤에 깊게

잠이 들어 성장 호르몬이 많이 나올 수 있기 때문이에요.

빛 때문에 물체를 볼 수 있어요

사람이 물체를 볼 수 있는 것은 바로 빛 때문이에요. 빛이 없다면 사람 눈에는 아무것도 보이지 않을 거예요. 반대로 너무 많은 빛을 받게 되어도 눈이 부셔서 앞을 볼 수 없어요. 그래서 눈은 밝을 때에는 빛을 조금만 받아들이고, 어두울 때는 빛을 많이 받아들여요.

홍채가 빛의 양을 조절해요

빛은 눈에 있는 동공이란 구멍을 통해 눈 안으로 들어와요. 동공의 크기가 크면 많은 빛이 들어올 수 있고, 작으

면 빛은 적게 들어오게 돼요. 동공의 크기를 조절하는 것이 동공 주위에 있는 홍채예요. 동공은 홍채가 힘을 풀면 커지고, 힘을 주면 작아져요. 그래서 홍채는 어두우면 동공의 크기를 크게 만들어 많은 빛을 받아들이고, 주위가 밝으면 동공을 작게 만들어 빛을 적게 받아들여요.

시간 차이 때문에 더 어둡게 보여요

밝은 곳에 있다가 갑자기 어두운 곳에 들어가면 잠깐 동안 아무것도 보이지 않아요. 이것은 홍채가 빛을 모으는 시간 차이 때문이에요. 갑자기 어두워지면 아무런 준비가 없던 홍채는 깜짝 놀라 얼른 빛을 모으려고 동공의 크기를 늘려요. 하지만 이 과정에서 약간의 시간이 걸리기 때문에 잠깐 동

안 아무것도 보이지 않고 눈앞이 더 캄캄하게 되는 거예요. 이후 시간이 지나면 동공의 크기가 커져서 밝은 곳에 있을 때보다 빛을 더 많이 받아들이게 되고, 곧 앞을 볼 수 있게 돼요. 반대로 어두운 곳에 있다가 갑자기 밝은 곳으로 나와도 눈이 부시는 것을 느낄 수 있어요. 어두운 곳에서 커다랗게 있던 동공이 밝은 빛을 많이 받아들이면서 순간적으로 눈부심을 느끼기 때문이에요.

▲ 밝을 때 작아진 동공

◀ 어두울 때 커진 동공

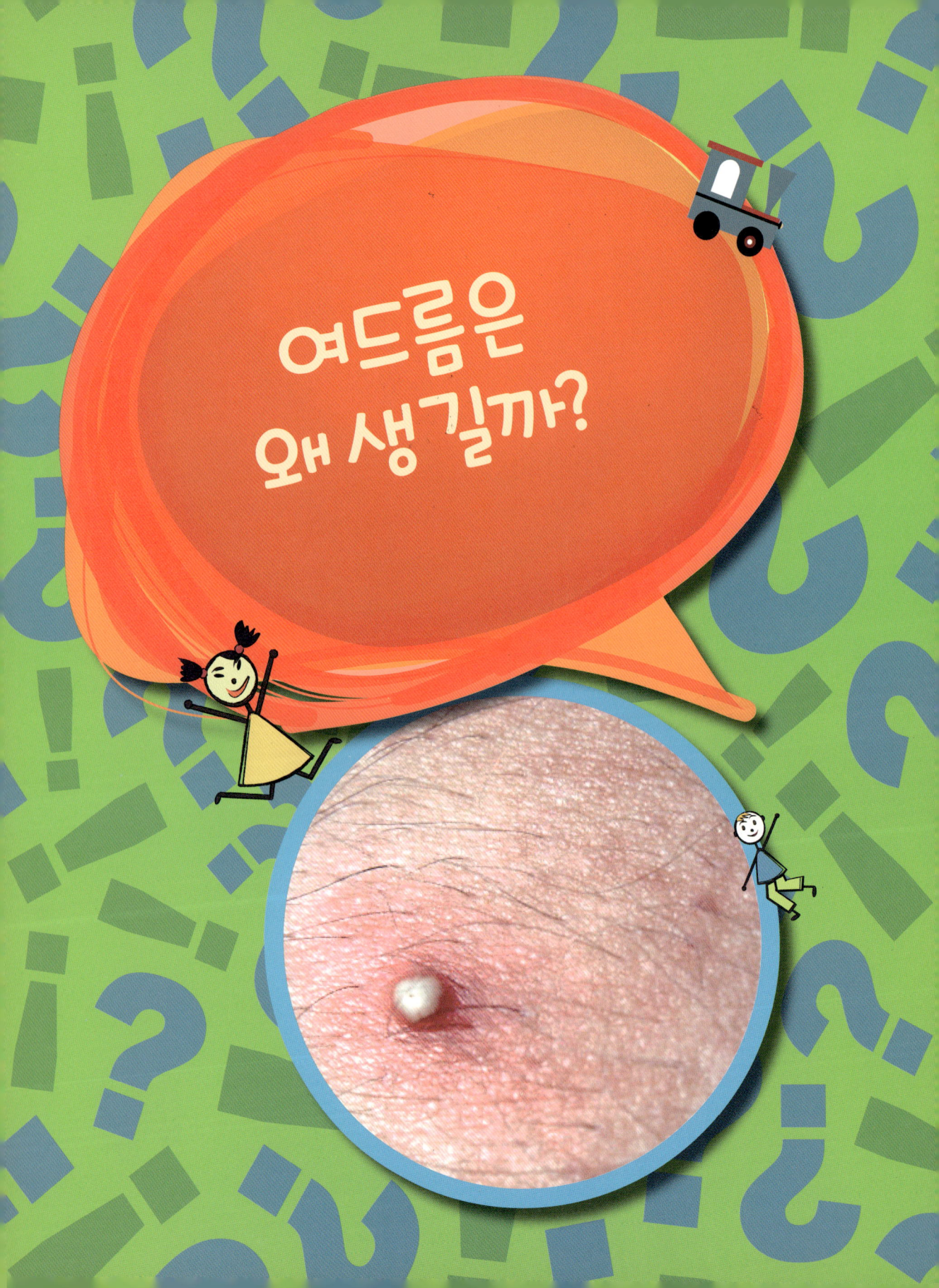

여드름은 피지선에 생긴 염증이에요

여드름은 피지선에 염증이 생겨서 나타나는 것이에요. 피지선이란 사람 피부 전체에 퍼져 있으면서 털이나 땀구멍을 통해 기름인 피지를 내보내는 곳이에요. 피지선은 기름 막을 만들어 피부를 부드럽게 하고 윤기도 흐르게 해요. 또한 외부의 이물질이 몸속으로 들어오지 못하게 막아 주는 역할도 하고 있어요.

성호르몬이 피지선을 막아 버려요

여드름은 사춘기 때부터 많이 생겨요. 사춘기가 되면

안드로겐이라는 성호르몬의 분비가 많아지면서 피지선의 활동도 활발해져요. 많은 성호르몬이 분비되면 피지선에서 나오는 피지와 각질도 많아지게 돼요. 이때 피지와 각질이 피지선과 모공을 막게 돼요. 피지선과 모공이 막히게 되면 피지와 노폐물이 피부 밖으로 잘 나오지 못해요. 그러면 세균이 염증을 일으키는데 이것이 바로 여드름이에요.

여드름은 얼굴에 주로 나요

사람 몸에 있는 약 300만 개의 피지선은 얼굴에 가장 많이 몰려 있어요. 그래서 여드름이 주로 얼굴에 나는 거예요. 어떤 사람들은 가슴 앞쪽이나 등에도 여드름이 나는데, 이곳에도 피지선이 있기 때문이에요.

사춘기의 여드름은 3~5년 정도 진행되다가 어른이 되면서 자연스럽게 사라져요. 그러나 사람에 따라 사춘기에

생긴 여드름이 10년 이상 이어지기도 해요. 그리고 성인 여드름이 생길 수도 있어요. 여드름을 잘 예방하고 관리하기 위해서는 자주 씻고 불규칙한 생활 습관을 없애고 인스턴트식품도 줄이는 것이 좋아요.

▲ 인스턴트 식품은 여드름을 생기게 하는 원인이 된다.

공부가 되는 세계 명화
글공작소 글 | 18,000원

공부가 되는 한국 명화
글공작소 글 | 18,000원

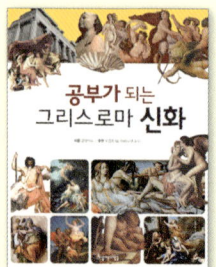

공부가 되는 그리스로마 신화
글공작소 글 | 12,000원

공부가 되는 별자리 이야기
글공작소 글 | 12,000원

공부가 되는 공룡 백과
글공작소 글 | 장은경 그림 | 13,000원

공부가 되는 탈무드 이야기
글공작소 엮음 | 12,000원

공부가 되는 삼국지
나관중 원작 | 장은경 그림 | 12,000원

공부가 되는 유럽 이야기
글공작소 글 | 14,000원

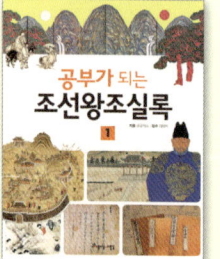

공부가 되는 조선왕조실록 1,2 (전2권)
글공작소 글 | 김정미 감수 | 각 13,000원

공부가 되는 저절로 영단어
다니엘 리 글 | 14,000원

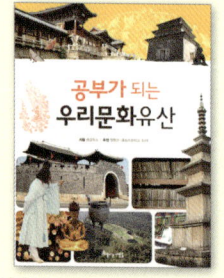

공부가 되는 우리문화유산
글공작소 글 | 14,000원

공부가 되는 저절로 고사성어
글공작소 글 | 15,000원

공부가 되는 한국대표고전 1, 2 (전2권)
글공작소 글 | 각 13,000원

공부가 되는 셰익스피어 4대 비극·5대 희극 (전2권)
윌리엄 셰익스피어 원작 | 글공작소 엮음 | 각 14,000원

공부가 되는 논어 이야기
공자 지음 | 글공작소 엮음 | 14,000원

공부가 되는 식물도감
글공작소 엮음 | 37,000원

공부가 되는 경제 이야기 1,2 (전2권)
글공작소 글 | 각 13,000원

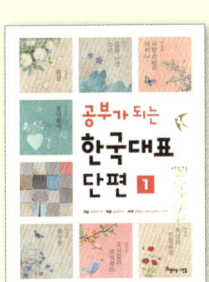

공부가 되는 한국대표단편 1,2,3 (전3권)
박완서 외 지음 | 글공작소 엮음 | 각 13,000원

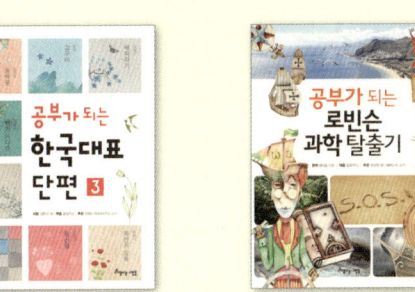

공부가 되는 로빈슨 과학 탈출기
대니얼 디포 원작 | 글공작소 엮음 | 13,000원

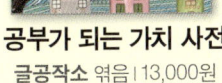

공부가 되는 일등 멘토의 명연설
글공작소 엮음 | 13,000원

공부가 되는 가치 사전
글공작소 엮음 | 13,000원

아름다운사람들